RÉGÉNÉRATION

DE LA

SÉRICICULTURE EN EUROPE

PAR

LES RACES DE VERS-A-SOIE

DU LEVANT.

Hᵒⁿ Meynard et Cⁱᵉ, de Valréas (Vaucluse)

*Promoteurs de l'importation des Cocons du Levant
en France,*

et Inventeurs des Éducations à la chute des Feuilles.

MEDAILLE D'OR
(1ʳᵉ CLASSE)
a l'Exposition Nationale
1844.

OCTOBRE
1856.

TROIS MÉDAILLES
(2 DE 1ʳᵉ ET UNE DE 2ᵉ CLASSE)
a l'Exposition Universelle
1855

AVIGNON,

TYPOGRAPHIE ET LITHOGRAPHIE DE BONNET FILS.

SITUATION ACTUELLE

DE LA

SÉRICICULTURE EN EUROPE.

469

Une maladie terrible dans ses conséquences, connue sous la dénomination de GATINA en Italie, et de MALADIE DES PETITS en France, après avoir causé un déficit dans la dernière récolte , qui sans exagération peut-être évalué à une moitié de la production totale en Europe (1), menace la récolte prochaine d'une perte beaucoup plus considérable encore, car elle est maintenant devenue générale. C'est dans le midi de la France que celle-ci fit apparition vers l'année 1847 , ses effets marchèrent toujours croissant et nos éducateurs luttèrent vainement contre le fléau destructeur, pour conserver leurs races locales qui , deux ans plus tard , furent toutes plus ou moins atteintes , de même que celles de l'Espagne.

Cependant l'ITALIE en général, et surtout la LOMBARDIE, qui depuis le commencement de nos revers fournissait les graines de vers-à-soie nécessaires à nos éducations , échappa aux atteintes de cette maladie jusqu'en 1854 , et la France pût , à l'aide des graines fournies par cette contrée, percevoir quelques bonnes récoltes consécutives ; mais dès cette année , les papillons présentèrent quelques symptômes et la récolte suivante commença à en être légèrement affectée.

Ce préjudice toutefois ne fut pas très-grand , mais la Gatine avait apparu et le caractère envahissant de cette maladie devait faire craindre des revers plus considérables par la suite : en effet lors de la ponte de 1855 , il devint très-difficile de rencontrer en Lombardie des parties de papillons absolument exemptes de ce virus destructeur , et les deux tiers des races en furent plus ou moins atteintes.

Cette situation des papillons lombards et par conséquent des graines de vers-à-soie, auxquelles la France était obligée de demander sa récolte de 1856 , devait avoir des conséquences fâcheuses pour la production séricicole. Les résultats ont toutefois justifié cette proba-

---

(1) Nous écartons de cette appréciation d'ensemble, la GRÈCE et la TURQUIE D'EUROPE.

bilité que nous avions déjà établie et présentée avant la récolte par notre publication du PRINTEMPS 1856 , (Chapitre DES GRAINES EN 1856 ET DE LEUR AVENIR) et la récolte française a été réduite au quart d'une récolte ordinaire.

L'ITALIE en général a été moins mal traitée que nous d'abord , parce que la LOMBARDIE et le PIÉMONT , les premières provinces de la Péninsule , gagnées par le mal , grâce à la connaissance de ses symptômes , avaient gardé pour leurs propres besoins les graines provenant des papillons les plus sains , et ensuite parce que certaines autres contrées de production de soies , telles que le FRIOUL , la TOSCANE, la ROMAGNE et les DEUX-SICILES étaient encores exemptes de maladie , ou du moins , n'en avaient reçu que de très-légères atteintes ; mais cette fois la situation est la même pour tous et la PÉNINSULE ITALIENNE comme l'ESPAGNE et la FRANCE sont à peu de chose près également affectées.

Ainsi donc , la situation générale de la sériculture en EUROPE , loin de paraître devoir s'améliorer dans l'avenir , semble au contraire de plus en plus compromise , et fait pressentir un déficit plus considérable encore que celui de l'année dernière.

Les éducateurs français , se méfiant avec juste raison des graines de vers-à-soie d'Italie , pondues dans ces conditions , tournent leurs espérances vers celles du LEVANT , et certaines graines fabriquées en PRUSSE et en BAVIÈRE , vers ces dernières surtout , dans l'espoir que la différence de climat qui existe entre ces pays et les nôtres sera une circonstance favorable à leurs succès.

Ces espérances seraient fondées , si ces pays possédaient des races anciennement importées et devenues locales par la force du temps ; mais il n'en est rien , car ce sont celles d'Italie , introduites avec leur maladie générique depuis peu d'années , qui constituent les races Prussiennes et Bavaroises. Le climat peut avoir retardé le développement du mal ; mais il ne saurait l'empêcher de faire irruption.

A l'appui de cette opinion nous citerons l'exemple des races italiennes importées dans l'ARCHIPEL GREC , il y a 5 ans , et dans la ROMAGNE , depuis 10 ou 15 ans peut-être : les unes ont été gagnées par la Gatine absolument la même année et en même temps que les mêmes races en Lombardie , et les autres on été sensiblement plus maltraitées que les races locales , elles les ont même précédé d'une année dans la maladie , et cela , malgré la distance considérable qui séparait ces pays et la différence sensible qui existe dans leurs climats.

On ne peut donc pas trop compter sur elles. LES RACES DU LEVANT SEULES semblent présenter quelques garanties sérieuses de succès et devoir servir à la RÉGÉNÉRATION DE LA SÉRICICULTURE EN EUROPE.

Les résultats de la fabrication des graines lombardes en été 1855 nous faisant craindre l'insuccès de ces graines au printemps 1856, et des résultats encore plus précaires par la suite ; nous avons dû, afin de parer autant que possible à cette triste éventualité, et avant de connaître l'insuccès de l'année, prendre des mesures pour fuir le fléau et établir dans trois centres de productions du Levant, qui se distinguent par le MÉRITE de leurs cocons et l'ANALOGIE DE LEURS CLIMATS avec le nôtre, des fabrications de graines de vers-à-soie, munies d'un outillage complet, perfectionné et surtout dirigées par des éducateurs intelligents ; mais cependant nous comptions trouver en Italie des parties de papillons assez saines pour pouvoir compléter l'approvisionnement de graines qui nous est demandé chaque année par notre clientelle et que notre organisation improvisée dans le Levant ne nous permettait pas d'obtenir.

Notre sieur Marius, pendant que notre sieur Charles Meynard surveillait l'ensemble de nos fabrications dans le Levant, se rendit donc en Lombardie pour renouveler les observations et les choix qui l'année précédente nous avaient assez régulièrement mis en garde contre les atteintes du mal. Ce fut infructueusement, toutefois, car à peu près toutes les races de vers en portaient des traces ; ses espérances se retournèrent alors vers le FRIOUL, contrée qui avait été favorisée d'une bonne récolte ; celles-ci furent de nouveau déçues, car les papillons, quoique étant ceux qui de toute l'Italie présentaient le moins de sujets atteints de maladie, laissaient cependant à désirer. Il put ensuite se rendre compte du mérite relatif des papillons du TYROL par l'examen de certaines ateliers de fabrication de graines, à BERGAME, qui étaient alimentés avec des cocons de cette provenance ; mais il fut bientôt convaincu que ceux-ci étaient. à peu de chose près, autant affectés que les papillons de la BRIANCE et du BERGAMASQUE.

Le désir de procurer à nos clients des graines saines et l'annonce d'une bonne récolte dans la ROMAGNE lui firent renoncer aux graines lombardes et le mirent dans le cas de se retourner brusquement vers cette contrée, dans laquelle le travail du papillonage n'était point encore terminé. A son grand étonnement et surtout à son grand regret, il put se convaincre que l'abondance de la récolte avait été à peu près sans influence favorable sur les papillons, généralement tous atteints par la Gatine, et surtout que les races dites de Briance, importées depuis bon nombre d'années en ces pays, étaient plus affectées que celles locales. Il fut donc obligé de renoncer à des achats et afin de bien se convaincre de la situation dans la partie méridionale de la PÉNINSULE ITALIENNE, au point de vue de cette maladie, il continua son voyage jusque dans les environs de Rome, et, de là, dans le royaume de Naples Les papillons de la première récolte avaient entièrement terminé leur ponte en cette contrée, il ne lui fut donc pas possible de les juger, mais cependant, il apprit par des personnes, dignes de foi, que l'accouplement avait été très-difficile et les rendements en dessous du médiocre, circonstances également défavorables.

Peu de jours après son arrivée à Naples, il put visiter une chambrée de papillons provenant des cocons de la 2ᵉ récolte, ceux-ci parurent satisfaisants, et, de l'aveu de la personne qui soignait cette fabrication, ils étaient dans de bien meilleures conditions que les premiers, mais cependant en les examinant attentivement, il était aisé de retrouver de 12 à 15 p. $^o/_o$ de papillons malades, proportion que l'expérience nous a signalé comme bien dangereuse, car alors les autres papillons, quoique sous des apparences favorables, portent ordinairement le germe du mal.

Il était parti avec l'intention de se rendre en Sicile, contrée qui a obtenu la meilleure récolte de toutes celles d'Italie ; mais ayant appris à Naples que les 2ᵉ et 3ᵉ récoltes d'été n'étaient pas en usage dans cette île, il renonça à ce voyage qui devenait inutile. Il résulte toutefois des renseignements recueillis à bonne source, que les papillons ont été vigoureux, d'un accouplement facile, et ont produit passablement de graines, ce qui doit faire bien augurer de leur qualité ; mais ces renseignements doivent être accueillis avec réserve, car il arrive bien souvent surtout quand la maladie est à sa première période, que sous des apparences favorables et avec des rendements passables, les papillons et par conséquent les graines sont malades ; c'est alors que les symptômes échappent à l'œil qui n'a aucun intérêt à les découvrir, et à l'observateur vulgaire.

Comme il a été dit, nous comptions sur l'Italie pour compléter notre approvisionnement de graines, et cependant il nous fut impossible de rencontrer parmi les très-nombreuses parties que notre sieur MARIUS à vues pondre sous ses yeux, sur tous les points de l'Italie, des races assez saines pour mériter notre attention. Nous eûmes donc fréquemment recours au TÉLÉGRAPHE ÉLECTRIQUE, qui, fort heureusement met en communication nos contrées avec l'Asie, pour pousser le plus avant possible notre fabrication dans les parties montagneuses du nord de l'EMPIRE TURC ; mais ces ordres expédiés d'Italie en courant et en fin juillet, soit qu'ils aient été expédiés trop tard, soit à cause de l'insuffisance de notre matériel ou de notre personnel de direction, n'ont pu recevoir qu'une exécution partielle : les autres fabriquants de graines FRANÇAIS ou ITALIENS qui s'étaient rendus dans le Levant avec le même but que nous, ont sans doute reçu les mêmes avis, les mêmes encouragements ; mais ils ont rencontré les mêmes difficultés. Telle est la cause de l'exiguité de notre approvisionnement, et le peu d'importance relative de la production générale de ces graines (1) qui cependant SONT LES SEULES SUR LESQUELLES LES SÉRICICULTEURS PUISSENT COMPLÈTEMENT COMPTER.

Cette situation est peu rassurante sans doute et promét des résultats bien précaires à la récolte du printemps prochain ; mais le sort en est jeté, et aucune puissance humaine ne saurait l'améliorer. C'est donc vers l'AVENIR que doivent se tourner les regards et que doivent converger les efforts de tous.

Nous prenons, dans la limite de nos forces, les dispositions nécessaires pour arriver à une amélioration éminemment désirable et comme le salut de la sériciculture, de même que celui des nombreuses industries qu'elle alimente, est tout entier dans le LEVANT, contrée excessivement difficile et offrant peu de ressources, nous prenons en ce moment les dispositions nécessaires pour parer à cette insuffisance et arriver dès la saison prochaine, à une production importante, offrant toutes les garanties désirables de perfection.

A cet effet, nous créons une ÉCOLE THÉORIQUE ET PRATIQUE DE FABRICATION DE GRAINES DE VERS-A-SOIE, qui va débuter à la fin de ce mois, avec les cocons de la récolte automnale. Celle-ci aura pour but de former un certain nombre de jeunes-gens à la direction des ateliers de fabrication, de les familiariser avec l'usage des outils et appareils imaginés en Italie pour arriver à la bonne confection des graines, et surtout de les initier à tout ce qui a été écrit de bon, de raisonnable et de pratique sur cette intéresante question.

Les postulants les plus zélés, les plus studieux, qui nous paraîtront les plus aptes à remplir le but que nous nous proposons d'atteindre, seront ensuite acheminés vers les contrées du Levant sur les-

---

(1) Cette production generale ne s'eleve pas à plus de 5,000 kilog. y compris les graines fabriquees dans la partie meridionale de la Turquie qui ne coconneront pas ou mal en nos climats et celles fabriquees avec des cocons de mauvaise nature, cependant la quantite mise annuellement à l'incubation est de 35,000 kilog. par la France, de 4,500 kilog par l'Espagne et de 70,000 kilog par la Peninsule italienne, en tout environ 110,000 kilog.

quelles se fondent nos espérances, et chacun d'eux surveillera un atelier, sous la direction de ceux-là même qui ont surveillé nos fabrications cette année. L'ensemble de l'opération sera dirigé par un de nous, et nous espérons , grâce à cette combinaison, de même qu'à l'aide d'un maté-riel des plus complets que nous construisons en ce moment, parvenir à fabriquer dans le Levant par la suite, la totalité des graines qui nous sont demandées annuellement pour les éducations du PRINTEMPS ET DE L'AUTOMNE.

Notre exemple sera sans aucun doute suivi, et des quantités impor-tantes de graines seront produites dans cette contrée pour les besoins des éducations de 1858. ALORS SEULEMENT L'EQUILIBRE COMMEN-CERA A SE RÉTABLIR DANS LA PRODUCTION DE LA SÉRICICULTURE EUROPÉENNE.

MALADIE DE LA GATINE,

OU DES PETITS VERS.

Il règne encore des doutes chez certaines personnes a l'egard des caractéres extérieurs de la Gatine observés sur les papillons. Cependant, ces doutes ne sont plus possibles, car les symptômes du mal sont trop evidents, et il suffit de quelques instants d'attention et un peu d'habitude, pour apprecier a peu près exactement son intensite dans la chambrée de papillons examinee.

Le VIRUS secrete par les papillons chez lesquels cette maladie a eclaté dans l'annee est d'une couleur brune (chocolat) et d'autant plus foncee que la maladie est plus intense; ce virus se trouve concentré dans une vesicule qui ordinairement avant la maladie est remplie d'un liquide de la plus grande limpidite. Cette vesicule occupe la partie medium du ventre des papillons et est placee transversalement aux annulaires (anneaux), qui sont ordinairement dans le papillon sain d'un jaune joncquille tres-pur et très-transparent. Or, cette vesicule chargee de virus, etant de couleur brune, vient donner une teinte noirâtre a la partie des annulaires qui se trouvent en face d'elle, et il en resulte une tache longitudinale ayant la longueur de la vesicule, noirâtre en face de la partie transparente des annulaires, un peu moins brune en face de la partie veloutee, et d'autant plus foncee que la maladie est plus developpee

Quand celle-ci est a sa première periode, le virus est en entier contenu par la vessie, et les fonctions des papillons n'en sont que peu contrariees, l'accouplement a lieu sans difficulte, de même que la ponte des œufs, mais cependant ces derniers ne sont pas beaucoup plus sains pour cela.

Quand la secretion de ce liquide brunâtre est très-abondante, la vesicule ne peut plus le contenir, celui-ci se porte alors jusqu'a l'extrémite exterieure du corps de l'animal, et, en se dessechant sous l'action de l'air, forme une croûte solide qui empêche le developpement des parties genitales, l'accouplement des papillons, et vient contrarier grandement la ponte des œufs : On dit vulgairement alors, les papillons ne veulent pas s'accoupler, il serait plus logique de dire NE PEUVENT PAS S'ACCOUPLER.

A notre avis, ces graines pondues dans ces conditions ne sont pas les plus a redouter, car alors les papillons en produisant peu, (1) et celles-ci sont en outre d'une apparence de nature a devoiler leur vice; mais le cas le plus dangereux, sans

---

(1) Sauf le cas qui se presente bien souvent en Italie où des fabricants peu consciencieux ouvrent le ventre des femelles malades pour en extraire les graines qu'elles ne peuvent pas evacuer.

contredit , est celui où la maladie etant à sa première période, l'accouplement et la ponte ne sont pas empêches , car alors les graines sont assez abondantes , leur apparence est favorable, et cependant elles portent a peu près toutes le germe du ma qui ordinairement produit ses ravages à l'education suivante , car ce virus se manifeste aussi d'une façon ostensible chez les vers-a-soie.

L'experience nous a demontré que l'on doit entièrement renoncer aux graines pondues par des chambrees de papillons comptant seulement de 15 à 20 p °/₀ de sujets malades , même à la première période.

Chez les vers-a-soie, le virus est absolument de même couleur que celui des papillons , mais il n'est plus concentré dans un organe spécial de l'animal, il est libre au contraire , se rencontre dans tout son corps , et surtout vers les pattes qu'il colore d'une teinte brune ; celui-ci se produit pendant toute la duree de l'education, et vient insensiblement obstruer les viscères de ces animaux qui tournent AUX PETITS VERS , OU MEURENT SANS CAUSE APPARENTE DE MAL , pendant tous les âges, surtout à la sortie des mues , et d'autant plus jeunes que la sécretion est plus précoce et plus abondante.

Tels sont les symptômes de la Gatine, telles sont les conséquences de ce fleau qui étant venu surprendre la sericiculture , va lui causer des pertes incalculables.

Nous avons été des premiers à signaler son apparition en France et ses ravages probables ; d'abord par un article adressé au journal le *Commerce séricicole de Valence* , en 1852 , et ensuite par les publications intitulées : CONSEILS AUX ÉDUCATEURS, que nous publions deux fois l'an , au printemps et à l'automne.

L'article publie par ce journal souleva quelques dénégations de la part d'un entomologiste en renom , et cependant il n'avait d'autre but que celui d'attirer l'attention de ceux-la même , qui se livrent à la culture de cette science , et de les engager à rechercher un remède à ce mal. Le journal refusa plus tard d'inserer une réponse qui combattait ces denégations par des faits irrécusables , car nous avions à cœur de maintenir la veracite de nos assertions.

Cette vieille rancune devrait être oubliée sans doute , puisque les faits sont venus nous donner raison ; mais nous devons la rappeler cependant, afin de faire ressortir combien il est regrettable que l'appel adressé alors aux hommes de science n'ait pas été entendu, et que ceux-ci aient trouve plus commode de nier la maladie, plutôt que de chercher les moyens de la combattre , car peut-être auraient-ils pu nous presenter depuis un moyen curatif ou preventif du mal, a defaut, un palliatil quelconque.

Cette étude n'était malheureusement pas à notre portee , et nos efforts pour parer de notre mieux aux conséquences de ce fleau destructeur, se sont bornes à l'etude la plus intime possible des symptômes du mal, et A LE FUIR des que son developpement nous paraissait de nature à nuire à la qualite des graines que nous livrons chaque année aux éducateurs, nos clients ; en effet, telle a ete notre ligne de conduite à l'egard de la maladie , et , grâce à elle , nous sommes parvenus, malgre la debâcle génerale , à assurer les qualites d'autrefois aux trois-quarts des graines par nous distribuées l'année dernière , un quart seulement a laissé plus ou moins à desirer.

La fabrication de ces graines nous a toutefois fourni un complément d'enseignement qui doit nous permettre d'eviter un echec , même partiel , par la suite.

C'est encore cette ligne de conduite , et la confiance que nous avons dans notre système d'appreciation des consequences de cette maladie , qui nous ont mis dans le cas de prendre les dispositions necessaires à la fabrication dans LE LEVANT des graines que nous distribuerons cette année, et cela bien avant de connaître le résultat définitif des graines mises à l'incubation lors de la dernière recolte , et que nous avions CONDAMNÉES AU MOMENT DE LEUR PONTE.

Ces mêmes considerations nous conduisent enfin à DÉSESPÉRER des races des vers-a-soie en Europe', et a creer cette ecole de theorie de fabrication de graines qui doit former des hommes aptes à aller demander a L'ORIENT les races de vers-à-soie qu'il nous avait confie dans le temps et qui ont dégenere en nos mains.

Des Races de Vers-à-soie
DU LEVANT.

Puisque la Gatine nous force à demander à l'Étranger les graines de vers-à-soie necessaires à nos educations, nous devons considerer comme un véritable bienfait (1) que cette fâcheuse circonstance nous oblige de nous tourner vers le Levant, car certaines des races que possèdent la Turquie et la Grèce , sont inconstestablement supérieures à celles de l'Italie , et par consequent aux nôtres , tant sous le rapport de la pureté et de l'energie des races , que sous celui du mérite des cocons et de la soie qu'ils produisent.

Les principales sont celles de ROUMÉLIE (Andrinople), de DEMIRDECH , de BROUSSE, celle nommée MEHEMET EFFENDI pour les cocons blancs , et les races de l'ile de CHIO , de KALAMATA et du LIBAN , pour celles à cocons jaunes.

Les vers-à-soie d'Espagne , d'Italie, de France et du Levant ont tous une source commune qui est le Levant lui-même, car c'est de cette contree que l'industrie des soies est venue se fixer dans le midi de l'Europe occidentale ; mais il parait que certaines circonstances defavorables auront nui à la conservation de la valeur primitive de ces vers chez nos voisins et chez nous , tandis que ces qualités se seront

---

(1) Chez nous , cette opinion n'est pas nouvelle, nous l'avons publiee en 1849, a la suite d'un premier voyage d'exploration dans le Levant, dans un opuscule ayant pour titre REGÉNÉRATION DES GRAINES DE FRANCE PAR CELLES DU LEVANT. Depuis-lors nous n'avons pas discontinue de recommander l'introduction de ces races qui maintenant est devenue une necessite

maintenues et perfectionnées dans le Levant, sous l'empire de conditions plus favorables.

Si toutefois l'opinion des sériciculteurs qui font remonter la cause de nos revers à la trop courte durée de nos educations, est fondee, il est inutile de rechercher la cause de cette difference autre part que dans les systèmes suivis en ces divers pays; car ils sont essentiellement differents les uns des autres.

En effet, en France comme en Italie, les educateurs cherchent, soit en multipliant le nombre des repas qui ont lieu bien souvent avec des feuilles alterées par la fermentation, soit en elevant la temperature, a obtenir le plus promptement possible la montee des vers qui arrive quelques fois en 25 ou 28 jours, et cela, sans se preoccuper de la valeur industrielle des cocons obtenus, et de l'alteration qui peut en resulter dans la constitution des vers. Dans le Levant au contraire, plutôt par insouciance que par calcul, les educations ont lieu en quelque sorte au grand air, dans des locaux très-mal fermés et relativement très-spacieux, car sauf dans la partie meridionale de la Grèce, l'usage de la multiplication des surfaces par les claies n'existe pas, les vers sont eleves en une seule couche sur le plancher. Le chauffage artificiel est en outre très-peu en usage, de telle sorte que, grâce au système d'alimentation qui va être decrit, les vers sont elevés dans des conditions, se rapprochant beaucoup de l'etat de nature, ce qui les rend très-robustes et très-peu impressionnables.

Dans la partie méridionale de la Turquie, a CHYPRE et en SYRIE, contrees où les conséquences d'une chaleur concentree sont beaucoup plus à redouter que dans le Nord, ce rapprochement est encore plus grand; car les vers sont eleves dans des cabanes construites au centre des plantations de muriers, avec les baguettes taillees les annees precedentes, et suffisamment rapprochees les unes des autres, pour empêcher l'accès des moineaux et autres animaux destructeurs; les vers sont egalement places en une couche unique, sur des nattes etendues par terre, et l'air passant à travers les très-nombreux interstices formes par cette cabane ainsi construite, vient abondamment ventiler cette sorte de magnanerie, où toute concentration d'air vicié est impossible.

Nous devons nous hâter de dire que les contrees qui elèvent les vers de la sorte, sont absolument exemptes de pluies et de gros vents pendant neuf mois de l'annee, surtout au moment des educations, et que le seul ennemi de ces dernières est la chaleur qui monte quelquefois jusqu'a 40 degres Reaumur dans la plaine.

C'est sans doute à cette habitude d'un air TRÈS-CHAUD et TRÈS-PUR qu'il faut faire remonter la cause de l'insuccès complet des precieuses races du Liban, de la Syrie en general et de Chypre, en nos pays.

Le système d'alimentation suivi dans l'une et l'autre partie de la Turquie, car il est commun à tout le Levant, pourrait fort bien ne pas être etranger a cette superiorite des races levantines. Celui-ci differe en effet complètement du nôtre, car les mûriers étant chaque annee depouilles de toutes leurs branches, et celles-ci etant alors très-légères et très-deliees, les Orientaux donnent aux vers ces branches elles-mêmes , garnies de leurs feuilles , et deux fois par jour seulement. Ces feuilles qui adhèrent a leur branche , loin de se fletrir et de se dessecher comme il arrive en Europe dans les magnaneries alimentees avec des feuilles libres , continuent à se nourrir pendant les douze heures qui separent les repas , de la sève contenue par la branche et conservent leur fraicheur native jusqu'à leur absorbtion qui est ABSOLUMENT COMPLÈTE ; de même que ces branches etant distribuees en quantite suffisante , les vers trouvent toujours des feuilles fraiches à leur disposition.

Par suite de cette manière de faire qui , il faut en convenir , n'est pas trop favorable au developpement des mûriers , la litière en fermentation , cause première de bon nombre de maladies accidentelles , peut-etre même de certaines maladies generiques , n'est pas connue en ces pays Elle est remplacee par une couche de petites baquettes de mûriers, parfaitement degagées de leurs feuilles, car en se dessechant, les petioles (queues), seule partie de la feuille qui echappe à la consommation des vers , tombent avec les crotins , sur le sol , a travers les nombreux vides formes par l'entassement et le croissement irregulier de ces branches , et s'y dessèchent sans fermenter.

La durée de ces éducations étant subordonnée aux vicissitudes de l'atmosphère , est très-variable , elle est ordinairement de 40 a 50 jours , et les educateurs , surtout quand ils sont aides par le temps , obtiennent des resultats inconnus en nos pays , c'est-à-dire jusqu'a 70 kilog. de cocons avec 25 grammes de graines.

Ces considerations peuvent fort bien être la cause de la superiorite des races levantines que nous signalons et qui est incontestable sous tous les rapports , à l'exception toutefois de celles elevees dans les pays chauds , la Syrie et l'île de Chypre qui , supérieurs par la richesse de la coque, car les cocons donnent jusqu'a 45 p. %, de partie soyeuse , tandis que ceux de France n'en donnent que 32 à 35 , leur sont inferieurs sous le rapport de la pesanteur spécifique du fil et de l'abondance de la gomme qui occasionne jusqu'à 4 ou 5 p. °/₀ en plus de perte au décreusage.

Nous allons terminer cet aperçu de la situation generale par quelques observations physiologiques sur les varietes auxquelles nous avons cru devoir demander en toute securite les graines que nous offrons cette annee à la sériciculture.

N° 1.

Race à Cocons blancs de Roumélie.

(ANDRINOPLE.)

Une des meilleures connues , au triple point de vue du produit à l'éducation , du dévidage des cocons et du mérite de la soie.

En effet , celle-ci est demeuree très-pure , grâce aux soins intelligents qui lui sont donnes par quelques-uns des principaux educateurs de la contree , ceux-là meme qui l'ont introduite , (car elle a ete importee depuis peu de l'Anatolie) , et qui fournissent des graines a la generalite des educateurs.

Ces cocons dont le devidage est parfait donnent de 42 à 43 p °/₀ de partie 'soyeuse, frisonnent peu et la soie qu'ils fournissent, outre qu'elle est d'un blanc passable, est sans contredit une des plus exemptes de duvet et des plus légères du Monde; elle conviendra parfaitement à nos organsinistes de France, et leur fera oublier les anciennes races du VIVARAIS et des CÉVENNES qui, tout en donnant des soies très-estimées, sont d'un rendement bien inférieur sans être d'une nature plus légère.

Cette race jouit en outre de l'avantage de convenir parfaitement à nos climats, ce qui est constaté par sept éducations consécutives.

N° 2.

Race à Cocons jaunes de Roumélie.

Très-riche en soie et très-robuste, mais les cocons sont un peu mélangés de couleur et chargés de doubles.

Chez cette variété, la proportion de la coque soyeuse au poids total des cocons secs est quelquefois de 45 p. °/. au lieu de 32 à 35 comme dans nos cocons jaunes de France et d'Italie; la nature de la soie produite est également très-pure, mais elle a l'inconvénient commun à toutes les races à cocons jaunes du Levant, de produire des cocons un peu mélangés de couleurs; la variété du Liban fait seule exception à cette règle

Ce léger défaut est du reste bien racheté par l'énergie des vers-à-soie et par le produit des cocons en filature. Elle réclame à peu près la même température que la précédente et convient par conséquent bien à nos climats.

N° 3.

Race à gros cocons blanc d'Anatolie.

(BROUSSE.)

Robuste et très-productive, mais les cocons d'un blanc passable sont un peu mélangés de grosseur : le lieu de production est montagneux et relativement plus froid que le midi de la France.

Cette variété est en effet élevée dans les gorges du MONT-OLYMPE, ce qui est une garantie sérieuse de succès pour les pays montagneux des CÉVENNES, du VIVARAIS, du DAUPHINÉ. Elle est en outre excessivement riche en soie, et c'est avec ses cocons que les filatures à la Française établies à Brousse, produisent malgré les conditions d'infériorité dans lesquelles elles sont placées, des grèges d'un mérite au moins égal à nos plus belles soies de France.

N° 4.

Race à cocons blancs pointus d'Anatolie.

(MEHEMET EFFENDI.)

Très-robuste et très-productive : les cocons d'un blanc verdâtre sont assez égaux, leur forme pointue ne nuit en rien à leur dévidage qui les place au contraire parmi les meilleurs cocons connus.

Cette race possède toutes ces qualités et ses cocons n'ont pas d'autre défaut que celui d'être d'un mauvais blanc, ce qui est sans la moindre importance quand leur soies sont appelées à remplacer les soies jaunes. Nous avions signalé les avantages que cette race offre aux éducateurs et aux filateurs par notre opuscule de 1849. Celle-ci provoqua quelques essais qui donnèrent de fort bons résultats, mais les graines d'Italie étant alors à l'apogée de leur supériorité, firent passer très-légèrement sur les avantages de cette race.

N° 5.

Race à cocons beau blanc d'Anatolie.

(DÉMIRDECH.)

La plus parfaite du Levant par la finesse, la blancheur et la régularité des cocons qui sont en outre très-productifs. Elle est élevée dans un climat tempéré et identique à celui des pays de plaine du midi de la France.

Voici ce que nous écrivions à son égard dans cette même publication :

La race dite DÉMIRDECH est sans contredit la première race du Monde, par l'extrême régularité de la forme de ses cocons, qui est celle des plus beaux cocons d'Italie, par la finesse et la blancheur de leur tissu, et par la richesse de la coque soyeuse qui est de 44, 46 et même quelques fois de 48 % du poids total des cocons secs, tandis que dans les variétés à cocons blancs de France et d'Italie elle n'est que de 28 à 30 %.

Les éducateurs indigènes obtiennent bien souvent 70 kilog. de cocons avec 25 grammes de graines et les filateurs 1 kilog. de soie fine avec 8 kilog. de cocons, résultats qui ont toujours été impossibles avec nos meilleures races d'Europe.

N° 6.

Race à petit cocons jaunes de l'Archipel.

La plus robuste, la plus riche en soie et la plus productive à l'éducation de toutes celles à cocons jaunes du Levant qui conviennent à nos climats. Les cocons égaux de forme sont mélangés de quelques blancs.

Tels sont les principaux caractères distinctifs de cette variété qui est tout aussi productive que les précédentes.

Ces cocons qui se devident avec beaucoup de regularité, sont un peu moins melangés que ceux des autres races à cocons jaunes du Levant et produisent beaucoup de soie car la proportion de la coque est de 42 a 44 %.

Le climat du pays de production est très-doux et très-tempere quoique un peu plus chaud que le DAUPHINÉ et le VIVARAIS ; il est en complète analogie avec celui de la PROVENCE et du LANGUEDOC.

N° 7.

Race à cocons jaunes de Morée.

(KALAMATA.)

Produit des vers très-énergiques et des soies d'une nature irré-proclable : les cocons sont d'un parfait dévidage, mélangés de couleur, un peu chargés de doubles.

Ceux-ci commencent à être apprecies par nos filateurs et leurs soies par nos fabricants de Lyon ; ils sont sans contredit des meilleurs du Levant, quoique la proportion de la coque soyeuse ne soit que de 38 ou 40 %, mais ils se devident avec tant de perfection, qu'ils produisent a l'egal des plus riches et donnent une nature de soie superieure à celle d'Italie sous le rapport du DUVETAGE surtout.

On ne peut que recommander cette varieté, aux filateurs organsinistes.

En general, les cocons provenant de ces diverses sortes de vers, sont d'une apparence bien moins flatteuse que la generalite de ceux recoltes en France et en Lombardie ; ils ont, ce qu'on appelle vulgairement UN GRAIN GROSSIER. C'est bien le cas de dire qu'il ne faut jamais juger sur les apparences, car une etude soutenue et reguliere de ce caractère, nous permet de conclure que dans les races du Levant l'abondance et la purete de la soie sont en raison des apparences grossieres des cocons.

En effet sauf ceux de la race n° 5 (DÉMIRDERCH) qui est la seule exception a cette règle, les cocons de la race n° 1 (ANDRINOPLE) sont sans contredit les plus grossiers de tous en apparence, et cependant ils meritent d'etre classes en premiere ligne sous tous les rapports ; viendrait ensuite la race n° 4 (MEHEMET EFFENDI) qui produit des soies peu connues en France, mais excessivement estimées en Russie où elles sont sans pareilles. Dans les races à cocons jaunes, nous citerons à l'appui de cette opinion les cocons n° 7 (KALAMATA) qui, malgre leur apparence satinee et grossière, donnent des soies d'une nature irreprochable avec abondance, et enfin comme confirmation, nous ferons observer que les gros cocons du Liban, remarquables surtout par la grande finesse de leurs tissus, sont ceux qui precisement donnent une nature de soie lourde et très-chargee de gomme, en un mot moins estimee que les autres du Levant.

Du reste les races lombardes qui maintenant sont ravagées par la CATINE, presentaient aussi cette particularite, et les cocons jaunes pâles, plus productifs en filature, donnant des soies bien moins chargées de duvet que les JAUNES COLORÉS, etaient d'un grain beaucoup plus grossier.

Nous devons ajouter aussi que la filature des cocons étrangers en France, progrès que nous avons provoque, commence à faire justice de la prevention qui existe a l'egard des apparences. Nous engageons les educateurs et les filateurs a ne pas s'y arreter, et à accepter au contraire l'introduction des cocons PLUS OU MOINS GROSSIERS DU LEVANT, comme un véritable bienfait, qu'il conviendrait DE RECHERCHER, si toutefois les circonstances ne lui donnaient pas le caractère d'une NÉCESSITÉ

Une autre prevention existe aussi en France a l'egard des vers-à-soie à cocons blancs, considerés comme plus delicats et moins productifs à l'education et en filature que ceux à cocons jaunes. Celle-ci du moins est legitime à certains égards, car réellement les races à cocons blancs de France et d'Italie, etaient plus delicates, moins riches en soie que les autres; mais dans le Levant c'est l'inverse qui a lieu, et les races blanches elevees plus particulièrement dans le nord de l'empire turc, sont preferables aux races jaunes, elevées dans le sud ou en Grèce, et surtout bien superieures a toutes nos races d'Europe à cocons jaunes ou blancs, qui ne peuvent pas supporter la comparaison.

En preconisant le mérite agricole et industriel des races des Vers-à-soie du LEVANT, nous entendons nous borner exclusivement à celles énumerees, qui son elevees dans des contrees ABSOLUMENT DU MÊME CLIMAT que le midi de la France (1), et nous considerons comme un devoir de declarer que toutes les races elevees dans cette partie du Monde ne sont pas egalement meritantes. Il en est au contraire qui etant habituees à des temperatures très-élevées, telles que les races de SYRIE et de CHYPRE, ne conviennent nullement à nos pays et d'autres qui par suite de l'incurie des populations, ou par le fait du hasard, sont tombees dans un etat d'appauvrissement, qui les classe souvent bien au-dessous de celle d'Europe; telles sont les races d'AMASIA, d'HERDECK, de PANDERMA pour les cocons blancs et celles de SALONIQUE, certaines de l'ARCHIPEL GREC, de CANDIE, de KARAMANIE, etc., pour les cocons jaunes.

Notre connaissance du Levant, au point de vue sericicole, puisque nous avons cree en ce pays l'exportation des cocons, nous a permis d'eviter ces contrees-ci, et de donner notre preference aux varietes dont nous venons d'enumérer les merites.

Il parait toutefois que les graines du Levant, presentées en ce moment à nos educateurs par le commerce, n'appartiennent pas exclusivement à ces dernières et que des provinces possedant des races de mediocre, de mauvaise nature ou des vers habitues à de hautes temperatures, qui en nos climats ne coconnent pas ou cocon-

---

(1) L'ANATOLIE et la ROUMÉLIE, provinces TURQUES qui ont produit nos graines de vers-a-soie à cocons blancs, sont d'un climat identique a celui de la contree comprise entre VIENNE (ISÈRE) et VALENCE (DROME), car l'OLIVIER ne peut pas y resister, et la culture de cet arbre qui, a defaut d'observations MÉTÉOROLOGIQUES, peut aider a etablir des points de comparaison, ne se retrouve que 30 ou 40 lieues plus bas, dans les provinces qui ont produit nos graines a cocons jaunes et dont le climat peut etre compare à celui de la PROVENCE et du LANGUEDOC.

nent mal, en ont produit des quantites notables. Ce peu de discernement de la part des fabricants de graines est bien a regretter, au double point de vue de l'intérêt de la recolte prochaine, et de la fàcheuse impression qui en resultera, et qui sera de nature a provoquer, par la suite, une certaine mefiance a l'egard des graines du Levant en general; il importe cependant que l'opinion publique des educateurs ne se laisse pas egarer, car la seulement est leur salut; voilà pourquoi nous les prevenons de ce danger et leur en signalons les consequences.

Graines de Vers-à-soie
DE CHINE.

Grâce au système d'education suivi dans le Levant, et a l'energie des vers-à-soie de ces pays, nous devons esperer de voir ceux-ci echapper longtemps encore aux atteintes de la GATINE, et nous fournir les graines necessaires a nos recoltes, en attendant que cette maladie disparaisse enfin de nos climats; mais cependant il pourrait se faire qu'il en fut autrement, et que ce fleau destructeur, vint à gagner les races levantines, alors qu'elles seraient notre unique espoir, et par cela meme soumettre notre production sericicole à une nouvelle et rude epreuve, comme celle que nous subissons en ce moment, et qui se continuera très-probablement l'annee prochaine.

Autant pour ne pas être pris au dépourvu, si cette fàcheuse éventualite vient à se produire, que pour rechercher si la Chine, herceau de la sericiculture, possède des races superieures à celles du Levant, nous avons envoye notre sieur Henri Meynard dans cette contrée, avec mission de se livrer à cette etude et de nous procurer des echantillons de ces graines pour le printemps 1857. La prochaine malle des Indes nous fera connaître le resultat definitif de cette tentative et nous avisera probablement une expedition, nous nous empresserons alors d'offrir ces graines aux sericiculteurs disposés à en faire l'essai.

Celles-ci souleveront sans doute la même objection que les graines du Levant, c'est-à-dire qu'elles auront à redouter une difference dans le climat; nous repondrons à cela que le parent charge de ces etudes et de ce choix, est un des interessés de notre maison, entièrement initie à l'opinion que nous nous sommes formee sur ces considerations, et qui ayant assiste depuis 20 ans au moins, à toutes nos tentatives d'acclimatation, d'abord des graines d'Italie et ensuite des graines du Levant, est convenablement penétre des inconvenients presentes en nos pays par les races de vers-a-soie habituees à des climats plus chauds que les nôtres, et des conditions necessaires au succès des vers-à-soie destinés a etre eleves en France; de telle sorte que les graines par lui expediees pourront être acceptees sans la moindre apprehension par les educateurs.

Avignon, Typ. et Lith. de Bonnet Fils.

www.ingramcontent.com/pod-product-compliance
Lightning Source LLC
Chambersburg PA
CBHW050414210326
41520CB00020B/6601